SESSANTASEI MILIONI DI ANNI FA IL MONDO FINÌ.

UN ASTEROIDE CON UN DIAMETRO DI PIÙ DI DIECI CHILOMETRI E GRANDE QUANTO L'EVEREST SI SCHIANTÒ CONTRO LA PENISOLA DELLO YUCATÁN.

TRE QUARTI DELLA VITA SULLA TERRA PERÌ...

Published in the United States by FourCats Press
ISBN: 978-1-7320442-1-0
LCCN: 2018935571

First FourCats Press Edition: May 2018
www.FourCatsPress.com
Editor@FourCatsPress.com

PALEOCENE

MIKE KEESEY

TRADUZIONE DI ALICE BENDINELLI

SESSANTASEI MILIONI DI ANNI FA IL MONDO FINÌ

Un asteroide con un diametro di più di dieci chilometri e grande quanto l'Everest, si schiantò contro la Penisola dello Yucatán. L'impatto liberò una quantità di energia due milioni di volte più forte di quella rilasciata dalla più grande bomba nucleare che sia mai stata detonata. Un mega-tsunami alto cento metri si abbattè sulla costa settentrionale del Golfo del Messico. Più di quattromila chilometri cubi di materia si sciolsero o si vaporizzarono in meno di un secondo. Si formò un cratere profondo trenta chilometri che durò per un tempo molto breve, prima di riempirsi rapidamente. Tutte le forme di vita presenti nelle immediate vicinanze furono annientate in un batter d'occhio.

Nel resto del mondo, quantomeno in quei luoghi dove non c'erano tempeste di fuoco o *ejecta* (detriti prodotti dal grande impatto meteorico che si erano sparsi nell'atmosfera), la morte fu lenta. Uno strato di cenere e pulviscolo congestionò la Terra, offuscando il Sole. Nei mari, i coccolitofori (alghe monocellulari) non furono più in grado di svolgere la fotosintesi. La loro scomparsa in massa scatenò un effetto domino per tutta la catena alimentare, decimando gli ostracodi e spazzando via i bivalvi inoceramidi e le rudiste, l'ammonoidea e il belimnoidea (ovvero, gli ammoniti e i belemniti, entrambi cefalopodi) e, infine, i grandi rettili marini: i mosasauri e i plesiosauri. Sulla terra ferma, la maggior parte della flora appassì e morì, inducendo gli pterosauri alati—e i più conosciuti dinosauri non-aviani—all'estinzione. Tre quarti della vita sulla Terra perì.

MA ALLA FINE CE L'ABBIAMO FATTA

Non "noi" nel senso del genere umano (tutto questo accadde prima che ci fosse nulla che assomigliasse all'*Homo sapiens*) ma i nostri antenati proto-primati, i progenitori che abbiamo in comune con tutti i primati (i simiformes e le scimmie antropomorfe inclusi), i tarsi, i lemuri, i lori e i galagoni—loro sono sopravvissuti. A pugni stretti ed occhi lucidi, hanno assistito alla fine di un mondo ... e all'alba di uno nuovo.

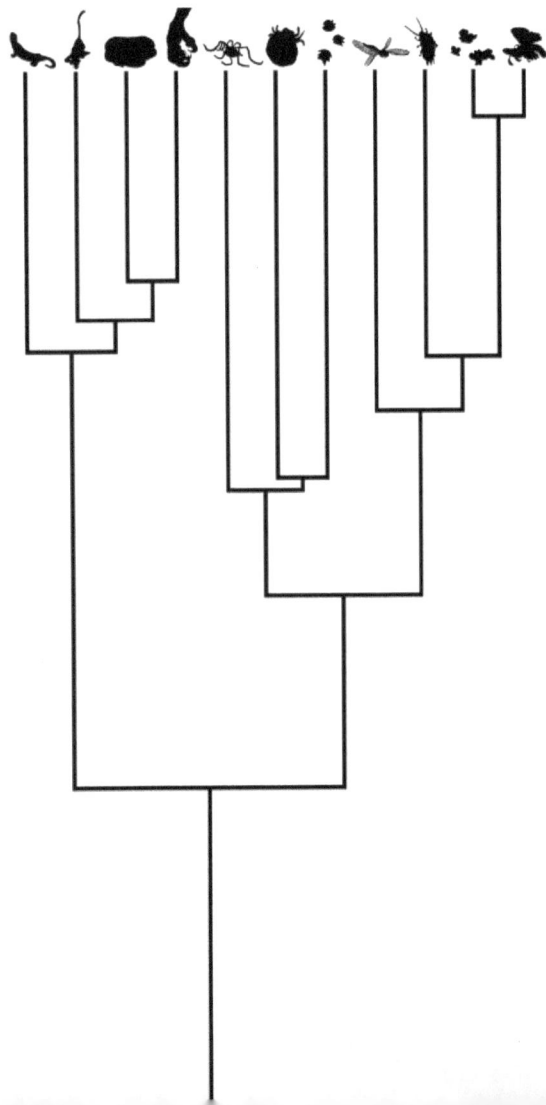

RINGRAZIAMENTI

Colgo l'occasione per ringraziare tutti i miei sostenitori della piattaforma Patreon per il loro supporto: Chidumebi Njoku-Browne, Andrew Rai, Karen Davis, Thea Artemis Kinyon Boodhoo, Mercedes Yrayzoz, Andrew Farke, Lynne Batik, Scott Chamberlain, Timothy Clark, Nick Garland, Matt Celeskey, Alberta Claw, Marko Bosscher, Simeon Koning, Stacey Burgess, Marcus Good, Brian Engh, e Heath Mikhail.

Allo stesso modo, vorrei ringraziare tutti quelli che hanno contribuito a questa edizione della campagna Kickstarter. Vorrei anche ringraziare Michael Kirkbride per l'idea inziale; Eric Loéve, per l'incredibile quantità di lavoro che ha messo nella creazione della traduzione francese online; Wendell Ricketts, per aver suggerito una stampa tradotta in italiano; Alice Bendinelli per avergli dato vita; Wonder Chan, per i suoi preziosi feedback; e mia figlia, Lucy Havens, per avermi ispirato.

— *MIKE KEESEY*

VISITA LA PAGINA **PALEOCENE-COMIC.COM**

AAAARRGGHH!!! FA TROPPA PARURA!
È TUTTO A POSTO TESORI MIEI.
VA TUTTO BENE.
ANCORA!
ANCORA IL CACCIATORE!
ANCORA UNA VOLTA, POI A NANNA.
PRIMA CHE VOI NASCESTE, I GRANDI DRAGHI SI AGGIRAVANO SULLA TERRA...

NON HO MAI VISTO UNA FALENA COSÌ GRANDE!

E DURANTE IL GIORNO, POI!

MA BRAVA, RAMMOLLITA!

CRUNCH
CRUNCH
QUEGLI IMBECILLI LAGGIÙ SONO DELLE PAPPEMOLLI. CONTINUANO A DIRE CHE VERRANNO A VIVERE QUASSÙ.
CERTO, E BUTTANO FUORI NOI?
BEH, SE IL TUO PREZIOSO CAPITANO NON TORNA PRESTO ...
DICI DAVVERO??
E CHI LO SA? ECCO, ORA SEI UN PO' MENO SPORCA. PERCHÉ NON DAI UN'OCCHIATA ALLA MIA SCHIENA?
ZIA!
E CHI SONO QUESTI? I MIEI SACCHI DI PULCI PREFERITI!
DATE ALLA ZIA UN BEL BACINO, PICCOLI MOSTRICIATTOLI!
ZIA, TU CACCIATORE HAI MAI VISTO?
CERTO! QUANDO ERO PICCOLA GLI TIRAVO ADDOSSO LE NOCI.
NON SPAVENTAVI?
A ME NON SPAVENTA NIENTE!
HO GIÀ VISTO IL MONDO FINIRE.

BUONO,
BUONO...

KRAK!

PALEOCENE

LE AVVENTURE DI "NERPY" L'ALBANERPETONTIDE

TO BE CONTINUED...

www.ingramcontent.com/pod-product-compliance
Lightning Source LLC
Chambersburg PA
CBHW042050210326
41520CB00044B/212